翻翻大自然

U0336322

动物在哪里？

[法] 希尔维·贝祖尔 / 著

[法] 唐柯勒鲁 / 绘　戴淑君 / 译

朝华出版社

BLOSSOM PRESS

幸福的草地

夏天到了，农场里的小动物们都来到了草地上。
它们呼吸着新鲜空气，闻着小草的清香。

牯（gǔ）牛也是公牛，只是
不能再生宝宝了。

小牛依偎在妈妈身边，尽情地吸着奶。
呀……好甜啊！

公牛脾气不好，所以总是孤零零的。

母猪刚生下12只小猪崽，
猪宝宝们挤在妈妈身边，抢着吃奶。

来，认识一下
绵羊家族的成员！

马群里静悄悄的，小马老老实实地跟着
爸爸妈妈——公马和母马。

绵羊刚被剪掉了羊毛，
它们光溜溜的样子真有趣！

山羊群里好热闹呀！原来是淘气的小山羊们
在满地乱跑，好斗的公羊们顶着羊角在打架。

热闹的农场后院

农场后院生活着鸡、鸭和其他家禽。
它们欢快地奔跑、打闹、叫喊……多么生机勃勃的画面哪！

鸭子们最喜欢去池塘，
鸭妈妈带着小鸭子们
在池塘里悠闲地划水。

猜一猜，
小鸡长大后叫什么？

大公鸡头顶鲜红的鸡冠，
拖着长长的尾巴，
雄赳赳气昂昂地迈着步子，
像一个高傲的国王！

鸡妈妈十分爱护自己的孩子，一有危险出
现，就立刻"咯咯咯"地叫唤着小鸡们。
听到妈妈的召唤，小鸡们争先恐后地躲到
鸡妈妈的翅膀下。

雄火鸡是饲养场里个头最大的鸟类。它们向雌火鸡示好时会开屏，非常漂亮！它们的幼崽叫小鸡雏。

母鹅领着一群小鹅，大摇大摆地走着，老远就能听见它们"嘎嘎嘎"的叫声。
公鹅脾气火暴，小心哦，它咬起人来可疼啦！

热闹的乡村

田野里生活着一群欢乐的小动物。快看！小河边也开始热闹起来啦！

乌鸫（dōng）爸爸负责出去找虫子，
乌鸫妈妈在家里照顾小乌鸫们。

雄环颈雉（zhì）得意扬扬地炫耀着自己的外
貌，那五颜六色的羽毛在阳光下太漂亮了！

有野兔爸爸、
野兔妈妈，
还有野兔宝宝们。

兔爸爸、
兔妈妈
和兔宝宝们。

水獭（tǎ）宝宝终于下水啦！
要是赖着不肯下水，
水獭妈妈会把它们
推下去——扑通！

雌环颈雉（zhì）的羽毛颜色又暗又淡，所以雉鸡妈妈能带着小雉鸡们藏在草丛里不被发现。

蛤蟆小伙唱着歌，想引起蛤蟆姑娘的注意。青蛙皮肤很光滑，但蛤蟆的皮肤干干的，表面有很多疙瘩。

苍鹭（lù）从早到晚辛勤地捕鱼，用来喂饱饥饿的小苍鹭。

走进树林深处……

树林深处藏着许多动物。天黑了，它们会溜出来活动。

鹿在树林里个头最大。春天来了，雌鹿生了一只可爱的小鹿，它穿着一件漂亮的斑点衣服。

野猪是野生的。小心！它生气时会攻击人。

野猪妈妈是母猪，整个大家族都知道它。它一次能生八个小猪崽。

雄狍子和雌狍子看起来不一样。雄狍子
头上有角，雌狍子没有。

狐狸是个狡猾、敏捷的猎手。白天，
狐狸妈妈在家安心照顾宝宝，
狐狸爸爸负责出门找食物。

脸上的条纹两道黑，
　一直延伸到耳朵，
就像戴着一个面具。
你能猜出我是谁吗？

美丽的大山

雪停了，天暖了，好日子又回来啦！小动物们纷纷从洞穴里爬出来，敞开肚子饱餐一顿。

在羱（yuán）羊的世界里，根本没有"恐高"二字！尤其雄羱羊，它可是登山高手！

你能认出狼、岩羚（líng）羊、羱羊和鹰的宝宝吗？

熊妈妈带着孩子们在温暖的洞穴里过冬。熊宝宝不听话，熊妈妈就打它们的小屁股。

旱獭（tǎ）醒来啦！经过整个冬天，它们消耗完了体内储存的脂肪，变得非常苗条，该重新进补啦！

海底世界

大海不仅是鱼儿的家，还生活着鲸、海豚、海豹、海龟、螃蟹……

海豚喜欢做游戏、耍杂技。小海豚经常跟哥哥姐姐们一起玩儿。

蓝鲸生下了世界上个头最大的宝宝——重2.5吨、长7米的小蓝鲸。

看！这些可爱的家伙，柔软的身体外披着一层坚硬的"盔甲"，它们叫作甲壳类动物。

| 螃蟹 | 龙虾 | 螯（áo）虾 | 蜘蛛蟹 | 对虾 |

草原巨人

非洲大陆生活着世界上最大的陆地动物。
最重的是谁呢？是大象！
个头最高的呢？当然是长颈鹿啦！

公狮子又胖又懒，母狮子出去找食物，
它在家呼呼大睡，可吃得比谁都多。

小狮子们顶着一头浓密的毛发，
是草原上名副其实的萌娃！

小狮子

大象妈妈用长鼻子轻轻抚摸着小象。
小象胃口可好啦，一天能喝10多升奶！

小斑马

小长颈鹿

小鸵鸟

丛林深处

在热带雨林里，有些小动物生活在高高的大树上，有些生活在地面。

在**鹦鹉**家族里，金刚鹦鹉个头最大，羽毛最漂亮。它们的宝宝出生时全身光溜溜的，长大后才会长出彩色的羽毛。

我是**猩猩**家族的首领，
在家族里，我最年长。
大家都叫我"银背"
或者"灵长类动物"。
猜猜，我是谁？

树懒真是"人如其名"，非常"懒"。它们一生中三分之二的时间都在无聊地发呆。

老虎妈妈独自抚养着小老虎，它怕老虎爸爸嘴馋，把小老虎吃了。

好热啊！

沙漠里的日子不好过！特别是白天，天气炎热，缺水。
可生活在沙漠的动物们，已经适应了！

口渴时，只有一个驼峰的**单峰驼**能在短短几分钟内喝下100多升的水，储存在身体里。

骆驼妈妈每隔两年生一个骆驼宝宝。

骆驼背上的两个驼峰里藏着厚厚的脂肪，它们连续好多天不吃东西时，就靠这些脂肪维持体力。

耳廓狐也叫沙漠狐，
有一对大大的耳朵，
个头却比猫大不了多少。

冰雪王国

生活在极地的动物们，皮下都长着厚厚的脂肪层，身上长着厚厚的毛，
这样它们才可以度过寒冷的冬天。

猜一猜，谁藏在里面？

白熊又叫北极熊，水陆两栖高手，
陆地水下都能看到它捕食的身影。
猜一猜，白熊最喜欢吃什么？当然
是肥肥嫩嫩的海豹了！

格陵兰岛的**海豹妈妈**生了一只全身雪白的小海豹，
大家都叫它"小白"。

小**帝企鹅**身上的绒毛是褐色的，
跟爸爸妈妈可一点儿都不像！

快看！它们头上长了什么？

角、长牙、羽冠……为了保护自己、迷惑敌人，小动物们各有各的法宝。

有些鹿的头上长**角**，不过它的角跟牛角不一样，每年都会脱落，重新长出新角。

狍子

梅花鹿

驯鹿

哺乳动物的**角**大都又尖又硬，可是长短、形状各不相同！

雄鹿

犀牛

扭角林羚（líng）

羱羊

雅各布羊

猜猜看，除了鸟类动物，谁还有喙（huì）呢？

獠牙特别长，是动物们保护自己的超级武器和不可替代的工具。

非洲象

河马

海象

一角鲸

有趣的**鼻子**

猪的**嘴筒**

牛的**吻端**

狗的**鼻子**

象海豹的**长鼻**

动物们的装饰品

皇狨猴的**大胡子**

白凤头鹦鹉的**白色羽冠**

戴冕鹤的**羽冠**

鹤鸵头上的**角质盔**

皮毛、羽毛或者鳞片……

大多数小动物身上都覆盖着羽毛、鳞片等，有的甚至是坚硬的盔甲，以此来保护自己。

鸟类身上都长着**羽毛**，甚至不会飞的鸟类也不例外。

牡蛎（mǔlì）是一种贝壳类动物，身体很柔软，**壳**却非常坚硬，很难打开。

刺猬浑身长满了**刺**。受到攻击时，它会竖起全身的刺，卷成一个刺球！

有些爬行动物的皮肤是由一片一片的**鳞片**组成的。

头顶两根**触角**，
身负重重的**壳**，
走起路来慢吞吞，
猜猜，我是谁？

乌龟背上的**龟壳**很坚硬。遇到危险时，它会把头和四肢全部缩进壳里！

大多数哺乳动物身上都覆盖着**毛**：绒毛或者皮毛。

威武的**盔甲**

海胆

巨蚌（bàng）

河豚

穿山甲

犰狳（qiúyú）

认识动物的身体结构

我们很少谈论动物的胳膊，却对它们的前爪、翅膀、触角等部位更感兴趣。
动物们的尾巴更是形状各异。

老鹰的脚趾上长着锋利的**爪子**，
像铁钩一样，威风凛凛。

螃蟹的**螯**（áo）

小鸟的**翅膀**和**爪子**

章鱼的**触须**叫作腕足，上面
长满了**吸盘**。

海星一般有5个**腕**

鱼有**鱼鳍**（qí）

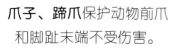

爪子、蹄爪保护动物前爪和脚趾末端不受伤害。

形状各异的**尾巴**

螺旋形

刺针形

羽毛状

剪刀状

刷子状

竖琴状

波纹状

单身？结婚？还是大伙儿一起生活？

动物世界里，有单身的动物，有成为夫妇或数月之后又分开的动物，也有喜欢群居的动物。

公象总喜欢**独**自待着。母象和小象们不一样，它们喜欢**一起生活**，听从年纪最大的母象的指挥。

狼也喜欢**群居**，狼群服从狼王夫妇的领导。不过，只有狼王夫妇才有生小狼崽壮大狼群的权利。

说起梧桐树，大家就会联想到鹦鹉。鹦鹉和人一样，实行一夫一妻制，它们忠诚地守着对方，直至死亡将它们分开。

蜜蜂喜欢**群居**，一群蜜蜂叫作"蜂群"。

狮子也是群居动物，不过喜欢搞**小团体**。跟鹦鹉不同，狮子实行一夫多妻制。

蚂蚁家族非常庞大，一个**蚁群**常有数百万只蚂蚁，可它们一点儿都不嫌挤，这样别人才不会打扰它们。

哦！恋人们！

它们高声地歌唱、疯狂地起舞，甚至打起来……为什么呢？
当然是为了吸引异性们的注意！

雄鹿嘶哑的**叫声**在森林里
久久回荡，那是为了吸引
雌鹿的注意！

看，兔子们站着，看着像在
打拳击！嘘……猜猜看，它
们在干什么呢？

为了引起雌孔雀的注意，雄孔雀
展开了美丽的**尾屏**。

为了选出能歌善舞的冠军，
公松鸡们正比得热火朝天！
美丽的雌松鸡在一边兴致勃
勃地观战。

甜蜜的负担

动物们幸福地生活在一起，不久，动物宝宝们要出生了。
虽然不需要准备奶瓶，可是也有好多工作要做。

山雀的孵卵期是15天，
它一窝孵出了12只雏鸟。

母狼很自豪，它一口气生
了5只小狼崽。

那大象呢？

酷宝贝!

喂奶、喂食、哄睡、爱抚、玩耍、散步……动物爸爸妈妈们无微不至地照顾着新出生的宝宝。

沼狸爸爸妈妈
照顾宝宝时非常细心。

给鸟宝宝**喂食**一点儿都不简单!鸟爸爸
鸟妈妈得把食物嚼得碎碎的,嘴对嘴地
喂给嗷嗷待哺的鸟宝宝。

喂奶时间到啦!
哺乳动物吸奶的姿势多种多样:

躺着   站着   在水下

叼在**嘴里**

放在**肚子上**

背在**背上**

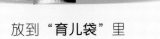

放到"**育儿袋**"里

没有童车，动物爸爸妈妈们怎么带宝宝出门呢？对它们来说，这并不是什么大问题。不管是带一个宝宝还是一群宝宝出门，动物爸爸妈妈们各有奇招……

夹在**翅膀下**

骑在**屁股上**

夹在**肋下**

放在**脚上**

动物们的家

夏天，动物们喜欢待在户外。一到冬天，它们就躲进了温暖的家。

马儿住在**马厩**（jiù），绵羊和山羊住在**羊圈**。自己家可舒服啦！

奶牛的**牛圈**里铺着草，有点儿扎，而且热。

猪住在宽敞的**猪圈**里，那儿常年没有太阳，可怜的家伙！

兔子们生活在**兔棚**里。

栖身之所

野生动物们不得不自力更生，寻找栖身的地方。有些动物简单挖个洞，勤快的会给自己造个舒舒服服的窝。

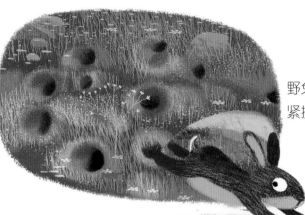

野兔讨厌孤独，它们挖洞时一个紧挨着一个，俨然一座兔子城。

棕熊在**洞穴**里睡觉。

野猪会在地上挖**洞**，睡在洞里。

河狸建了一个**大坝**。
这样，它的窝就不会被河水淹没了。真聪明！

神奇的巢穴

树枝、泥浆、蜘蛛网、羽毛、绒毛、苔藓……这些都是小动物们筑巢的绝佳材料，不过巢穴的形状可真是千奇百怪！

燕子用泥巴筑成一个**碗状**的巢。为了衔来筑巢的泥，勤劳的燕子会来来回回飞上1000多趟。

燕雀的巢是**杯形**的，外面常掺杂着苔藓和蛛丝。

缝叶莺用小嘴在叶子边上咬出一排小孔，然后用草茎当线，把一片片叶子缝起来，做成一个**圆锥形**的巢。

火烈鸟喜欢用泥和杂草筑成一个中间凹下去的**高台子**做窝。

鹏䴘（pìtī）用藻类和芦苇筑了一个**木筏形状**的巢，为了让自己的巢能漂浮在水面上，它们会把巢绑在河边的芦苇上。

毛毛虫宝宝们挤在一个表面像
丝一般光滑的**虫茧**里。

水蜘蛛生活在水里，
它的蛛网充满了气泡，
就像一个**潜水罩**。

鹰喜欢把鹰巢筑在陡峭的岩石壁上，
它用**树枝**建巢，铺上青苔，
这样对小鹰来说更加柔软舒适。

织工蚁用幼蚁吐出的丝，
将**树叶**缠起来做成巢穴。

巢鼠用植物茎秆编织成一
个**球形**的巢，真是杰作啊！

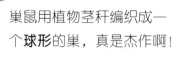

斗鱼的浮巢其实是无数
黏液变成的小泡泡聚在
一起形成的。

开饭啦！

在饮食上，动物们的口味大不相同：
爱吃草的，爱吃谷类的，爱吃果子的，
爱吃肉的，爱吃鱼的，爱吃虫子的……

什么动物
爱吃花蜜呢？

食谷粒动物爱吃种子类食物，
比如麻雀。

食草动物、食果动物、食蜜动物和食谷粒动物
都是**素食爱好者**。

食草动物爱吃植物，
比如奶牛和长颈鹿。

食果动物爱吃果子，比如狐蝠。

食肉动物最爱吃什么？当然是肉!
不过它们也有自己的偏好……

有些动物爱吃虫子，叫作**食虫动物**，
比如燕子。

熊是**杂食动物**，既吃肉也吃植物。

食鱼动物爱吃鱼，比如鹈鹕（tí hú）和海狗。

特殊的菜单

有些动物的饮食十分特别，甚至可以说是口味奇特。

食腐动物喜欢吃动物的尸体，例如鹫（jiù）和鬣（liè）狗。真是太恐怖了！

这些"吸血鬼"
爱吸哺乳动物的血，
比如，蚊子、水蛭（zhì）、
壁虱、蚤类……

蜂鹰是食蜂动物，爱吃蜜蜂、胡蜂。它的脸部羽毛又直又硬，可以保护眼睛和嘴巴不被蜜蜂蜇伤。

食蛋蛇就是专门吃蛋的蛇，
它们是**食蛋动物**。

爱吃粪便的动物。

有些动物连同类也吃，
下嘴时可一点儿都不犹豫。

食蚁兽最喜欢吃什么？
从它的名字就可以看
出，当然是蚂蚁。蚂蚁
是它们最喜爱的食物！

向前进！

大步奔跑，小步急行，飞步奔驰，匍匐而行，高高跃起，跳跃前进……
每种动物都有自己独特的前进方式。

长颈鹿走路**顺拐**，也就是说，它同侧的两条腿是一起向前迈步的。

我是陆地上奔跑速度最快的动物。
猜猜，我是谁？
马儿还是猎豹？

安静时，马儿**踩着步子**走；加速时，它踩起了
小碎步；匆忙时，它撒开马蹄**飞奔**。

红棕色的袋鼠是个运动健将，
它一口气能**跳**10米远！

在地面上，知更鸟小步**跳跃**前进。

长臂猿是空中特技**飞行**的好手。

在冰面上，企鹅直直地挺着身子，或者把肚皮贴着冰面**滑行**……多么有趣呀！

蜗牛用腹足**爬行**，它爬过的地方会留下一条长长的印痕，这是它分泌的黏液。

蛇有三种前进方式：**波状**前进、**直线爬行**和像手风琴一样的**伸缩式**前进。

哇！我飞起来了！

飞行、悬停，快速俯冲，掠地飞行……它们被称为"空中的疯子"。

蜂鸟能**悬停**在空中，
也是唯一可以**向后飞行**的鸟儿。

红隼（sǔn）振翅、滑翔、
悬停在空中：
　　只见它头部向着地面，
　　　不断地拍打着翅膀。

飞鼠实际上不会飞，
　　只会滑行……

红隼的亲戚游隼（sǔn），飞行时速可以
达到300公里/小时，如火箭一般快！

水下世界的居民们

不是所有的水生动物都会游泳：
有些喜欢在海底行走，有些喜欢在水面上奔跑。

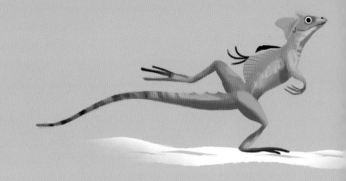

抹香鲸是动物王国里的"潜水冠军"
它能屏住呼吸，在水下**潜水**2个小时。

双冠蜥（xī）能用发达的后肢在水面上**奔跑**！
它的速度非常快，不用担心掉进水里！

不管是走路还是奔跑，**螃蟹**总是**横着前行**。
真是神奇的步法！

蚶（hān）**子**通过"翻跟头"的方
法前进：它会突然把脚绷直，利用产
生的力使自己翻跟头，以此前进。

热闹的农场

农场里的大块头们的确很吵，家禽院子里的动物们也都非常健谈。

马儿咴咴咴

牛哞哞哞

猪哼哼哼

绵羊和山羊咩咩咩

兔子呜呜呜

狗汪汪汪

驴嗯昂嗯昂

猫喵喵喵喵

鹅嘎嘎嘎

珠鸡咯咯咯

皮肤灰灰、个子小小，
尾巴长长，
发出"吱吱"的叫声，
猜猜看，这是谁？

火鸡咯咯咯

鸽子咕咕咕

鸭子嘎嘎嘎

公鸡喔喔喔、
母鸡咯咯嗒、小鸡叽叽叽

大自然的声音

不管是大块头还是小个子，地上跑的还是海里游的，
哺乳动物们都有属于自己的独特声音。

森林里

狐狸在尖叫。

野猪发出了低沉的哼哼声。

鹿在鸣叫。

海洋里

狼向天嗷呜叫。

象海豹在怒吼。

海狗在吠。

海豚会发出各种声音：
鸣叫声、嘀咕声、叮咚声。
多么聒（guō）噪的小家伙啊！

鲸会唱歌。

草原上

狮子在**怒吼**。

狒狒（fèifèi）在**啼叫**。

大象和犀牛在**尽情欢叫**。

斑马在**嘶叫**。

你知道骆驼
怎么叫吗？

大山里

旱獭在**尖叫**。

熊在**咆哮**。

猞猁（shēlì）在**喵喵叫**。

欢乐的鸟鸣

婉转的啼唱，尖锐的嘶叫，鸟儿们发出各种各样的叫声，
一刻也不停歇。

山雀鸣叫。

猫头鹰咕咕叫。

布谷鸟"布谷布谷"叫。

乌鸫鸣叫，麻雀叽叽喳喳叫。
乌鸦呱呱叫，喜鹊喳喳叫。

鹳（guàn）轻声鸣叫。

天鹅**大声叫唤**，听上去像嘹亮的喇叭声。